# 绿染黔西北

## 毕节试验区30年生态建设掠影

高守荣　主编

中国林业出版社
CFPH
China Forestry Publishing House

图书在版编目（C I P）数据

绿染黔西北：毕节试验区30年生态建设掠影 / 高守荣 主编 .
-- 北京：中国林业出版社，2018.4
ISBN 978-7-5038-9495-4

Ⅰ. ①绿… Ⅱ. ①高… Ⅲ. ①生态环境建设 – 概况 – 毕节
Ⅳ. ① X321.273.3

中国版本图书馆 CIP 数据核字 (2018) 第 052642 号

中国林业出版社 · 生态保护出版中心

责任编辑　刘家玲

出版发行　中国林业出版社（100009 北京市西城区德内大街刘海胡同 7 号）
http://lycb.forestry.gov.cn
电话：（010）83143519
印　　刷　固安县京平诚乾印刷有限公司
版　　次　2018 年 5 月第 1 版
印　　次　2018 年 5 月第 1 次
开　　本　889 毫米 ×1194 毫米　1/6
印　　张　43
印　　数　1 ~ 1100 册
字　　数　300 千字
定　　价　268.00 元

## 《绿染黔西北——毕节试验区 30 年生态建设掠影》编委会

# 前　言

以山川大地为纸，着一抹绿，绘就毕节美好蓝图。当画卷徐徐展开，山的灵韵、水的秀丽、花的海洋、鸟的天堂、树的瑰宝、绿的硕果、美的征程跃然纸上，组成了一幅幅产业强、百姓富、生态美的动人画卷，激励着我们共建天蓝、地绿、水洁、气清的美好家园，

地处乌蒙山腹地的毕节，是川、滇、黔锁钥，贵州高原屋脊，长江、珠江生态屏障。1988 年，经国务院批准建立了全国唯一以“开发扶贫、生态建设”为主题的试验区。30 年来，毕节试验区大力实施退耕还林、石漠化综合治理、天然林资源保护、“中国 3356”工程、中德财政合作森林可持续经营等林业项目，森林面积从试验区成立之初的 601.8 万亩增加到 2017 年的 2127 万亩，森林覆盖率从 14.9% 增长到 52.8%，森林蓄积量从 872 万立方米增加到 4798 万立方米，实现了森林资源的“三个同步”增长；水土流失面积从 16830 平方公里减少到 10342.54 平方公里；累计治理石漠化面积 1362.17 平方公里；城市绿化覆盖率从 2007 年的 9% 上升到 35% 以上，先后建立毕节、赫章夜郎、百里杜鹃、贵州油杉河大峡谷、贵州金沙冷水河五个国家森林公园和威宁锁黄仓、纳雍大坪箐、黔西水西柯海三个国家湿地公园，被誉为“洞天湖地、花海鹤乡、避暑天堂”。荣获中国“核桃之乡”、“樱桃之乡”、“竹荪之乡”、“天麻之乡”、“珙桐之乡”、“生漆之乡”、“野生韭菜之乡”、“黑颈鹤之乡”等荣誉称号，被命名为“全国林业生态建设示范区”、“全国石漠化防治示范区”、首批“国家林下经济示范基地”、“国家集体林业综合改革示范区”、“全国生态文明示范工程试点”、“全国木材战略储备生产基地”。生态建设取得巨大成就，实现了人民生活从普遍贫困到基本小康、生态环境从不断恶化到明显改善的跨越。

习近平总书记在参加党的十九大贵州省代表团讨论时强调，“要守好发展和生态两条底线，创新发展思路，发挥后发优势，开创百姓富、生态美的多彩贵州新未来。”我们将坚决贯彻落实党的十九大精神和习近平总书记的重要指示精神，坚守发展和生态两条底线，弘扬“坚定信念、艰苦创业、求实进取、无私奉献”的毕节试验区精神，进一步解放思想、深化改革，增加资源总量，维护资源安全，坚持节约资源和保护环境的基本路线，走生产发展、生活富裕、生态良好的文明发展道路。到 2020 年，全市森林覆盖率达到 60%，林业产值达到 400 亿元，初步建成较完善的林业生态体系，较发达的林业产业体系，较繁荣的生态文化体系，打造富裕和谐美丽新毕节。

编　者

2018 年 3 月

洞天

湖地

# 目录

# Contents

花海

鹤乡

韭菜坪之光

# 山的灵韵

这里有绵延起伏的群山，鬼斧神工的险峰，纵横捭阖的峡谷……自西向东，从韭菜坪到百里杜鹃，从拱拢坪到油杉河，沿着蜿蜒盘旋的山路，尽收“天下名山”。

群山环抱的毕节，1993 年建立贵州百里杜鹃第一个国家森林公园以来，借助丰富多彩的森林植被、雄奇壮美的奇峰异石，大力发展森林生态旅游。全市建立森林公园 13 个，其中国家级 5 个，省级 3 个，市级 3 个，县级 2 个，经营面积 103.62 万亩。建立自然保护区 10 个，其中国家级 1 个，省级 2 个，县级 7 个，管理面积 112.51 万亩。成功建成百里杜鹃国家 5A 级旅游景区，毕节国家森林公园拱拢坪 4A 级旅游景区，阿西里西 · 韭菜坪 4A 级旅游景区，赫章夜郎国家森林公园，贵州油杉河大峡谷国家森林公园 3A 级旅游景区。2017 年，累计接待游客 944.2 万人次，充分展示了毕节山水风光之秀，森林生态旅游得到蓬勃发展。

百里杜鹃国家森林公园为国家 5A 级旅游景区、国家生态旅游示范区、“向全球游客推荐的十大 5A 景区品牌”，位于毕节市黔西、大方两县交界处，海拔为 1060~2121 米，绵延 125.8 平方公里的天然杜鹃林带，分布杜鹃花 60 多种，占世界杜鹃花种属 5 个亚属中的全部，以分布广、面积大、种类多、花型美著称于世，以原生性、不可复制性和不可再生性驰名中外，有“世界最大天然杜鹃花园”、“杜鹃花种质基因库”以及“地球彩带、世界花园”等美誉。

百里杜鹃国家森林公园

毕节国家森林公园地处“三省红都”毕节市七星关区境内，由拱拢坪、白马山和乌箐岭三大林区组成，总面积6.2万亩，享有“避暑胜地、森林氧吧”的美誉。园内林海壮阔，森林景观绚丽多彩，有维管束植物近1000种，是黔西北地区最重要的物种基因库之一。天然阔叶林面积较大、分布集中，人工针叶林分布广、长势好。松、杉、杨、栎、栲、山茶、杜鹃、茅栗等多姿多彩，仪态万端，林型多样，季相鲜明。拱拢坪景区于2017年11月获批国家4A级旅游景区。

毕节国家森林公园

赫章夜郎国家森林公园

赫章夜郎国家森林公园位于毕节市赫章县境内，由水塘林场和平山林场两个林区组成，总面积 7.1 万亩。公园内森林茂密、季节特征鲜明，地质年代久远，地貌类型多样、奇峰高耸、峡谷幽深、溪瀑多姿，鲜明的生物多样性和景观多样性，具有极大的森林康养开发价值。

贵州油杉河大峡谷国家森林公园位于毕节市大方县东北部，公园规划面积 7.77 万亩，其中森林面积 7.44 万亩，湿地面积 0.33 万亩，森林覆盖率 81.95%，共有八大游览区 33 个景点，以岩溶喀斯特峡谷地貌景观和喀斯特峡谷森林植被景观为主，空谷幽兰，山体庞大深邃、峡谷气势磅礴、峰峦高耸雄奇、沟壑纵横交错、瀑布景观别致、森林资源丰富、植被类型多样，具有较高的科研价值和观赏价值。

贵州油杉河大峡谷国家森林公园

贵州金沙冷水河国家森林公园位于毕节市金沙县西北部，规划总面积 3.17 万亩，包括冷水河和石仓山两大林区，其中冷水河林区面积 1.67 万亩，石仓山林区面积 1.5 万亩。沟壑纵横，奇峰林立，瀑布高悬，溶洞幽深，植被葱茏。山光与水色融合，自然与人文和谐，风景以奇、伟、幽、绿著称。系原始常绿阔叶植物与喀斯特岩溶地貌相结合的青山碧水，集原生植被、高峡险峰、河流湖泊、溶洞瀑布和人文古迹为一体，是黔西北山区的绿色宝库、人间仙境和旅游胜地。

贵州金沙冷水河国家森林公园

贵州油杉河大峡谷国家森林公园

中国十大避暑名山——贵州屋脊阿西里西山（韭菜坪石林）

黔西乡村绿化

纳雍张家湾“中国 3356”工程

大方六龙乡村林场

大方猫场乡村林场

威宁沙子坡国有林场

威宁杨湾桥晨雾

百里杜鹃彝乡秀色

七星关小河风光

大方桶井荒山造林

大方美丽乡村

大方黄泥塘国有林

七星关林海

七星关绿染乡村

赫章二台坡生态修复

织金珠藏晨曦

七星关阿市风光

黔西素朴灵博山

大方天然林资源保护

贵州金沙冷水河国家森林公园石仓山景区

大方对江林场

七星关拱拢坪碧玉湖

黔西新仁化屋基风光

大方雨冲风光

大方国家生态公益林

梦幻草海

# 水的秀丽

毕节地处长江、珠江上游，是贵州省母亲河——乌江的源头，市内湿地资源丰富，自然景观多姿多彩，人文景观内涵厚重。河域宽阔，水草丰茂，碧波荡漾，被誉为“高原明珠”的草海即坐落在毕节威宁。这里，春来“水山都如画，人鸟共争舟”；迎夏“朝阳山披锦，落霞水跃金”；秋至“六洞迷烟柳，阳关助管弦”；送冬“庭园闻犬吠，风雪客扣门”。湿地生态功能和保护价值极高，是贵州省生物多样性最为丰富的地区之一。毕节市有湿地公园 8 个，其中国家级 3 个，市级 5 个，湿地公园保护面积 14.5 万亩，占毕节市国土面积的 0.36%，占湿地总面积的 29.39%。

贵州威宁草海国家级自然保护区，位于毕节市威宁彝族回族苗族自治县县城西南部，保护区面积 120 平方公里，其中水域面积 46.5 平方公里，是一个完整、典型的高原湿地生态系统，是中国三大高原淡水湖泊（草海、滇池、青海湖）之一，被美国《国家地理》杂志评选为世界上最受欢迎的旅游胜地，被誉为“贵州旅游皇冠上的一颗绿宝石”。

贵州威宁草海国家级自然保护区

草海余辉

草海湿地

杨湾桥畔

草海捕鱼

生态海滨

夏日草海

威宁锁黄仓国家湿地公园距县城 6.5 公里，总面积 0.37 万亩，湿地率 31.3%。湿地公园分布有维管束植物 97 科 211 属 277 种，其中：蕨类植物 13 科 16 属 21 种，裸子植物 3 科 4 属 5 种，被子植物 81 科 191 属 251 种。有鱼类 3 目 5 科 11 种，有两栖动物 2 目 7 科 12 种，有爬行动物 2 目 2 科 12 种，有鸟类 17 目 42 科 130 种，属国家 I 级重点保护的有黑颈鹤，国家 II 级重点保护的有灰鹤、游隼、红隼、燕隼等。公园地处海拔 2200~2250 米，由一个天然淡水湖组成，属于暖温带高原季风气候区，日照充足、冬无严寒、夏无酷暑。

威宁锁黄仓国家湿地公园

纳雍大坪箐国家湿地公园距县城约 40 公里，总面积 1.61 万亩，湿地面积 0.83 万亩，湿地率 51.3%。有野生植物物种 780 种，其中：苔藓植物 43 科 75 属 157 种，蕨类植物 25 科 44 属 80 种，裸子植物 4 科 5 属 7 种，被子植物 111 科 331 属 536 种。其中国家Ⅰ级重点保护植物有光叶珙桐、云贵水韭、红豆杉 3 种。有野生动物 131 种，隶属 45 科 98 属，其中有国家Ⅱ级重点保护野生动物穿山甲、斑灵狸等 6 种。公园与大坪箐水库、沟谷及山顶缓丘上的中亚热带常绿阔叶林互为补充，持续地为河流供给水源，发挥着强大的蓄水能力和碳汇功能。是一个藓类沼泽、草本沼泽、灌丛沼泽、森林沼泽、库塘组成的集合体，是典型的云贵高原中山沼泽湿地。

纳雍大坪箐国家湿地公园

黔西水西柯海国家湿地公园距县城10公里，规划面积0.74万亩，其中湿地面积0.28万亩，湿地率37.84%。有针叶林、阔叶林、灌草丛和水生植被等植被类型，有20余个群系，维管植物98科242属321种。有野生动物161种，隶属5纲27目65科，其中国家Ⅱ级重点保护野生动物8种。公园包含大小不等的100多个喀斯特高原淡水湖泊、河流及林地、稻田，湖泊和湖泊之间由地下暗河、季节性河流或沟渠串联，属同一水系。

黔西水西柯海国家湿地公园

大海子的傍晚

大海子晚霞

朝霞似火

湖韵夕照

林泉海子

黔西大海子

建设中的金海湖湿地公园

黔西柯家海子

黔西水西公园

同心湖

霞光晚钓

水天一色

黔西野济河风光

赫章水塘山水相连

大方兴隆菱角塘

七星关水源涵养林

百里杜鹃彝山湖

杜鹃花海

# 花的海洋

感知花的芬芳，领略树的魅力，倾听山的传奇，这就是神奇乌蒙，素有花的海洋之称的美丽毕节。

春来，到百里杜鹃，游山玩水赏杜鹃。这里有125.8平方公里的原始杜鹃林，是迄今为止世界已查明的面积最大的原生杜鹃林带，素有“地球彩带，世界花园”的美誉。这片原始杜鹃森林保存完好，杜鹃花品种达60多个，占世界杜鹃花种属5个亚属中的全部。每年的3月中旬至4月末，绵延百余里的各种杜鹃花迎风怒放，千姿百态，色彩缤纷，满山流香。每立方厘米蕴藏6万个负氧离子的清新空气，成为休闲养生、畅享自然的圆梦之地。

夏至，可到金沙看玉簪花海，面积3万余亩。玉簪花在绿峰梁子上肆意绽放，一眼望去紫色波动，如海洋里掀起一层又一层的浪，山上的习习凉风让你忘掉夏日的炎热。

秋临，可到赫章韭菜坪观韭菜花，这里有世界上规模最大的野生韭菜花带，素有“天上花海”之称。每年韭菜花盛开，花形如球状点缀在群山与云雾之间，犹如波浪般随风翻滚，形成花的海洋，色彩斑斓，香气缭绕，登高览花，芳香扑面。

冬达，可以观赏威宁18万亩野生红花油茶，粉红的花朵使人忘记冬天的寒冷。

百里杜鹃国家森林公园

露珠杜鹃

露珠杜鹃

迷人杜鹃

迷人杜鹃

迷人杜鹃与露珠杜鹃杂交种

狭叶马缨

羊踯躅杜鹃

云锦杜鹃

马樱杜鹃

花海游

百里杜鹃国家森林公园金坡景区

夕照紫杜鹃

韭菜坪属于毕节市赫章县阿西里西风景名胜区，距县城 30 公里，主峰海拔 2900.6 米，为贵州最高峰，素有“贵州屋脊”之称。野生韭菜花生长在 2700 ~ 2800 米海拔带，高约 60 厘米，花为紫色，每年 8 ~ 9 月盛开。景区总面积近 40 平方公里，野生韭菜面积约 2 万亩，相对集中连片，开花时漫山遍野，色泽美观，景色迷人，为“贵州屋脊”上一道亮丽的自然景观。2014 年被中国野生动植物保护协会授予“中国野生韭菜——多星韭之乡”，是世界上面积最大的野生韭菜花带、全国唯一的野生韭菜花保护区。

赫章万亩野生韭菜花海

赫章韭菜坪风光

百里杜鹃大丽菊园

中国的兰花产地主要分布在西南，而贵州又是西南片区有名的兰花大省，毕节则是贵州的兰花主产区，资源异常丰富，苞谷花、世纪礼花、杨荷素、春兰双艺等均有分布。有“国兰”之称的春兰及其变种最具代表性，自然变异类型多，花型、瓣型、叶型丰富，色彩绚丽多姿，香气悠长醇正，且花期较长、花朵奇异，具有较高的观赏价值和经济价值。长期以来，毕节兰花深受港、澳、台地区以及其他省份养兰爱好者的青睐。

兜 兰

禅翼水仙

春兰双艺

红蝴蝶

金　狐

世纪礼花

杨荷素

水晶二王

彩虹树

春兰黄花

白玉素

荷　瓣

三星蝶

复色豆瓣

奇　花

送春素

莲瓣色花

春兰素荷

复色水仙

玉 女

春 兰

玉树临风

苞谷花

七星关福龙水乡李子花开

织金桂果大地织锦

珙桐花开

毕节市纳雍县是世界上光叶珙桐自然分布面积最大、资源储量最丰富的地区。光叶珙桐花期4～5月，花开时节，张张白色苞片浮动在绿叶中，犹如栖息枝头的只只白鸽，将息未息，欲飞未飞，被誉为“中国鸽子花”。

纳雍十齿花( 国家Ⅱ级重点保护野生植物 )

大方奢香博物馆樱花盛开

威宁“黔韵紫海”郁金香

威宁红花油茶为常绿小乔木，树叶革质，卵状椭圆形，正面深绿色，有蜡质感且发亮，树叶背面浅绿色；花朵颜色为红色，腋生单花，每年 2~3 月开花。近年来，威宁秉持“生态产业化、产业生态化”的理念，着力打造“百里油茶生态走廊”和“万亩油茶产业基地”的生态景观，促进全县生态旅游和森林康养产业发展。

金沙县玉簪花为多年生草本植物，分布于大娄山脉西起点绿峰梁子，位于毕节市金沙县岩孔街道，集中连片分布。花色如紫玉，未开时如簪头，留有芳香。金沙玉簪花为国家五级旅游资源，即最高等级旅游资源，极具开发价值，已纳入毕节市重点旅游景区进行打造，按照高起点规划、高标准开发打造国际一流的生态康养度假区。

玉兰花

海棠花

仙客来

威宁万亩洋芋花开

威宁草海马鞭草盛开

威宁板底荞花

威宁小海万寿菊

菊　花

风信子

威宁龙场在调整产业结构过程中，共种植经果林 8.873 万亩，带动了 1.5 万余户群众增收致富。仅油桃种植的 5000 多亩，已经有 2000 余亩产生收益，年产值 2000 余万元，受益群众 2000 余户，逐渐步入“百姓富、生态美”的良性发展之路。

桃花盛开

大方羊场清虚洞荷塘

鸭跖草

蛛丝毛蓝耳草

凤仙花

瓜叶乌头

甘露子

宝盖草

七星关朱昌玫瑰花园

西府海棠

七星关西府海棠

纳雍库东关依托退耕还林项目、石漠化综合治理项目、森林植被恢复项目等大力发展玛瑙红樱桃种植。全乡共种植玛瑙红樱桃约 1.2 万亩，年收入近 1 亿元，全乡受益群众 1.6 万人，实现人均增收 3960 元，助推了当地的脱贫攻坚工作。

花开时节，漫山遍野银妆素裹、人潮如海、尉为壮观。

樱桃花开

草海骄子——黑颈鹤

# 鸟的天堂

毕节威宁草海，优良的生态环境，创造了众多鸟类来此栖息的理想条件，被誉为“百鸟之都·阳光威宁”。这里每年有黑颈鹤、灰鹤、白鹳、紫水鸡、赤麻鸭、斑头雁等珍稀鸟类260余种10万余只在此越冬或迁徙中转，是我国八大候鸟越冬地之一，世界十大最佳观鸟基地。自2002年举办首届中国威宁草海国际观鸟节至今，威宁已成功举办了10届观鸟节，每届都有来自国内外的观鸟爱好者汇聚草海，开展以实地摄影大赛、观鸟为主要内容，并涵盖多种节庆活动。

黑颈鹤是全世界迄今所发现的15种鹤类中，唯一一种生活在高原环境中的鹤类，全世界目前仅有7000多只，属国家Ⅰ级重点保护野生动物。据观测数据显示，近年来草海越冬的黑颈鹤数量达2300只，就数量和种群集中程度来说，草海是中国迄今为止黑颈鹤自然种群密度最大的栖息地。2015年，中国野生动物保护协会授予威宁“中国黑颈鹤之乡”称号。

黎明鹤舞

鸟的天堂
丙申年摄

鸟的天堂

斑头雁

斑头雁

灰头麦鸡

白琵鹭

针尾鸭

黑翅长脚鹬

小䴙䴘

赤膀鸭

红嘴鸥

骨顶鸡　　黑水鸡　　红胸田鸡

白腹锦鸡

白眉姬鹟

红尾水鸲

普通翠鸟

大斑啄木鸟

棕头雀鹛

画　眉

黑枕黄鹂

暗绿绣眼

鹪　莺

绶　带

戴　胜

松　鸦

翠金鹃

栗头鹟莺

红嘴蓝鹊

虎纹伯劳

红头长尾山雀

环颈雉

酒红朱雀

灰头鸫

普通朱雀

蓝翅希鹛

暗绿绣眼

火冠雀

绿背啄木鸟

点胸鸦雀

栗背短翅鸫

长尾山椒鸟

相思鸟

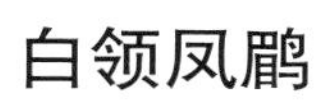

白领凤鹛

小灰山椒鸟

黄腰柳莺

翠金鹃

灰喉鸦雀

红胸啄花鸟

蓝喉太阳鸟

苍 鹭

池　鹭

夜　鹭

白　鹭

牛背鹭

斑头鸺鹠

乌　雕

宝兴歌鸫

白肩雕

白头鹮鹳

紫水鸡是一种罕见的水鸟，是反映区域湿地生态系统相对完善的标志性物种之一，素有“环保监测员”之称，被誉为“世界最美水鸟”。由于草海湿地生态环境的不断改善，茂密的芦苇、水葱等高秆植物区成了紫水鸡躲避天敌侵袭的栖息地。2013 年夏天，首次发现 16 只紫水鸡迁徙到草海安家落户。2014 年发展到 60 只，2015 年发展到 200 只，2016 年发展到 280 只，到目前为止，已发展到近 400 只，成了草海湿地的又一“明星鸟种”。

# 树的瑰宝

毕节山川秀丽，自然资源丰富，似瑰宝错落有致地装点着我们的家园。据调查，毕节有古树名木 55 科 119 属 146 种 8228 株。按保护级别分有国家Ⅰ级保护树种 1156 株，国家Ⅱ级保护树种 1479 株，国家Ⅲ级保护树种 5593 株，古树群 82 群。其中：国家重点保护野生植物有银杏、福建柏、光叶珙桐、香樟等。

作为树中瑰宝，曾经，面对风风雨雨、酷暑严寒，它们或矗立或匍匐，时而弯腰周旋、时而奋力抗争，见证着朝代更替、人间悲欢、世事沧桑，是研究自然史的重要资料，蕴涵着古水文、古地理、古植被的变迁史，成为历代文人咏诗作画的题材，为文化艺术注入活力、增添光彩。现在，它们成为名胜古迹的景观，伴有优美的传说和奇妙的故事，予人美的享受。

据专家称，大方县雨冲的古银杏林创造了中国银杏的“四最”，即株数最多、规模最大、季相最明显、造型最壮观。林中胸径 100 厘米以上的银杏树有 11 株，树龄长达上千年。树群有 40 余个，最小的树龄也上百年了。树群中有一株银杏树高 40 多米，胸径近 8 米，神奇的是它的周围从内向外一层一层围着许多小的树株，形成了一个银杏大家族，这株银杏成了远近闻名的神树，其枝叶特别繁茂，饱经风霜，春华秋实，高压群林，它有“中华银杏活化石”之美誉。

大方雨冲古银杏

金海湖新区小坝莺戈岩古银杏树独树成林，错节盘根，倒垂的树枝上还有长短不一、形状各异的树乳，有的如妇乳、有的若悬钟……古银杏如莲似伞的树冠直插云间，覆盖面积约 500 平方米，而树干则要近 10 人才能合抱。主树干旁，三根深入到地下的树枝已长成高达 20 余米的参天大树，如儿孙一样侍奉着这位“千年老人”。仔细观察，甚而还有横着长出的树枝和直着向上长的树干融为了一体。

织金龙场古银杏

黔西协和古银杏

金海湖新区王家坝古银杏

大方古银杏

七星关林口古银杏

大方沙厂古银杏

大方雨冲古银杏

珙桐，别名水梨子、鸽子树、鸽子花树，花如白鸽飞翔，列为国家Ⅰ级重点保护野生植物，系 1000 万年前新生代第三纪古热带植物区留下的孑遗植物。在第四纪冰川时期，大部分地区的珙桐相继灭绝，只在我国南方的一些独特地形环境地区幸存下来，成为了植物界今天的“活化石”。纳雍县境内，自然分布面积达 10.68 万亩，数量近百万株。2013 年 6 月 3 日，中国野生植物保护协会授予纳雍县“中国珙桐之乡”称号。

纳雍古珙桐树

百里杜鹃古杨梅树

大方绿塘古白玉兰

生长在百里杜鹃仁和的这株马缨杜鹃，其树干高大，花冠浓密，是迄今为止世界上发现树龄最老、地径最大（72 厘米）的杜鹃花，被誉为“杜鹃花王”。

金沙清池古茶树

纳雍古茶树

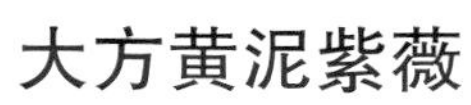
大方黄泥紫薇

七星关青场紫薇

赫章海雀古川滇高山栎

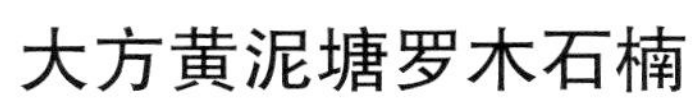
大方黄泥塘罗木石楠

大方黄泥塘薄叶山矾

大方雨冲古杉树

大方八堡古朴树

黔西中坪酸枝木

黔西铁石红稠木树

威宁金斗国家Ⅱ级重点保护野生植物——香樟

七星关灵峰古玉兰

百里杜鹃古桑树

金沙清池古榕树

威宁盐仓高山栎

赫章威奢云南油杉

大方鼎新古朴树

威宁海拉清香木

织金唐桂

大方油杉河国家Ⅱ级重点保护野生植物——福建柏

金沙国家Ⅱ级重点保护野生植物——楠木

黔西中坪古黄连木树

大方黄泥国家Ⅱ级重点保护野生植物——香樟

黔西中坪古南酸枣树

七星关亮岩古杉树

大方高店古黄杨树

七星关橙满园

# 绿的硕果

毕节市始终坚持“既要绿水青山，也要金山银山”的发展战略，坚守生态和发展两条底线。打造以核桃、樱桃、刺梨、苹果等精品水果和皂角、竹、生态茶、油茶、花卉苗木为主的“十大林业产业基地”。2017年注册登记涉林经济组织2010个，林业产值达251亿元。以特色经果林、森林旅游、林下经济为支撑的三大林业生态产业发展格局基本形成。

黔西洪水黄梨

毕节市坚持把退耕还林与扶贫开发、农业产业结构调整紧密结合，创新林业发展方式，积极鼓励、引导企业、专业合作社、造林大户等多种经营主体参与林业经济建设。依托林业重点工程，大力发展具有地方特色的核桃、刺梨、苹果、樱桃等特色经果林，连片种植面积达 448.31 万亩。

大方黄泥塘刺梨

七星关清水铺椪柑

纳雍雍熙布朗李

威宁黑石糖心苹果

七星关杨家湾蓝莓

威宁龙场油桃

纳雍库东关玛瑙红樱桃

樱桃丰收

黔西中坪 2008 年从湖北武汉引进突尼斯软籽石榴在石漠化山区进行试种，目前已挂果。

七星关朱昌优质核桃苗培育基地

纳雍羊场凹梳核桃

威宁林科所柏木苗圃

大方理化猕猴桃种植基地

纳雍库东关樱桃基地

生态茶园

毕节市 2013 年被列为“首批国家林下经济示范基地”。坚持高位推动、政策撬动、龙头带动、基地推动、品牌拉动“五轮驱动”, 大力发展林下经济，促进扶贫开发，迈向生态受保护、资源保增长、林农得实惠的绿色发展之路，2017 年发展林下经济面积 150 万亩，实现产值 34 亿元，带动农户 20 余万户。

威宁迤那葡萄树下套种万寿菊

黔西林泉杜仲基地

黔西金碧皂角林下套种黄豆

纳雍董地林下生态养鸡

林药种植

林下香菌种植

林下冬荪种植

林下养蜂

林下养牛

林下养殖

原味核桃仁
原味核桃仁
原味核桃仁
毕节珍好
核桃
毕节珍好
核桃干果
净含量 1200g

奢香庄园

阳光食品
奢香庄园
生态高山核桃乳
奢香庄园
— 生态高山核桃乳 —

核桃系列产品

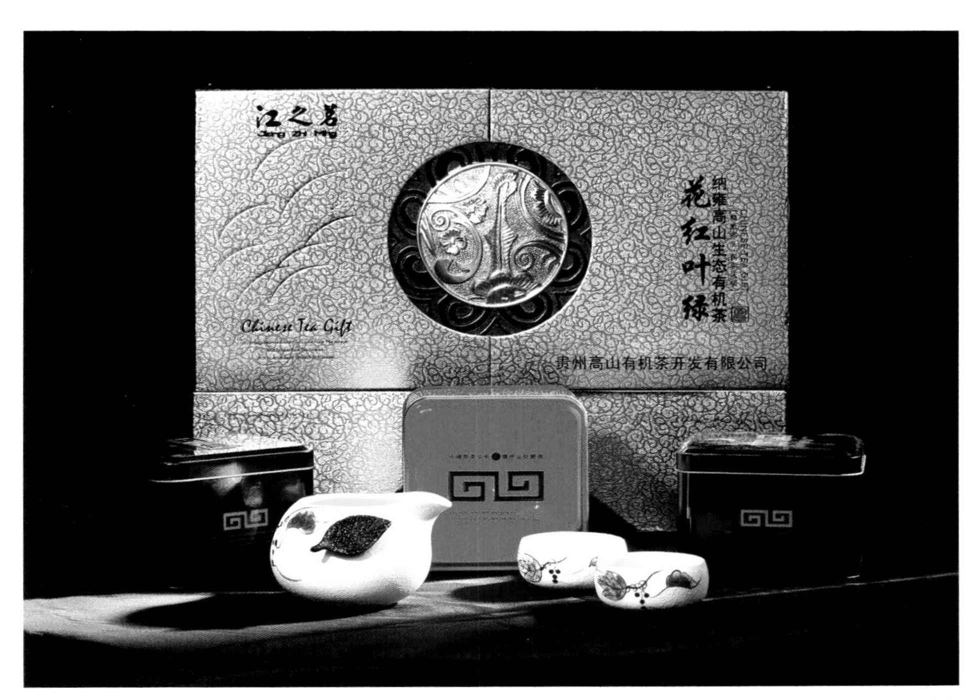


纳雍高山有机茶

毕节市拥有得天独厚的自然资源和雄厚的产业基础，主要加工企业有森林食品、木雕工艺、漆器生产等，有力带动地方林业产业发展。

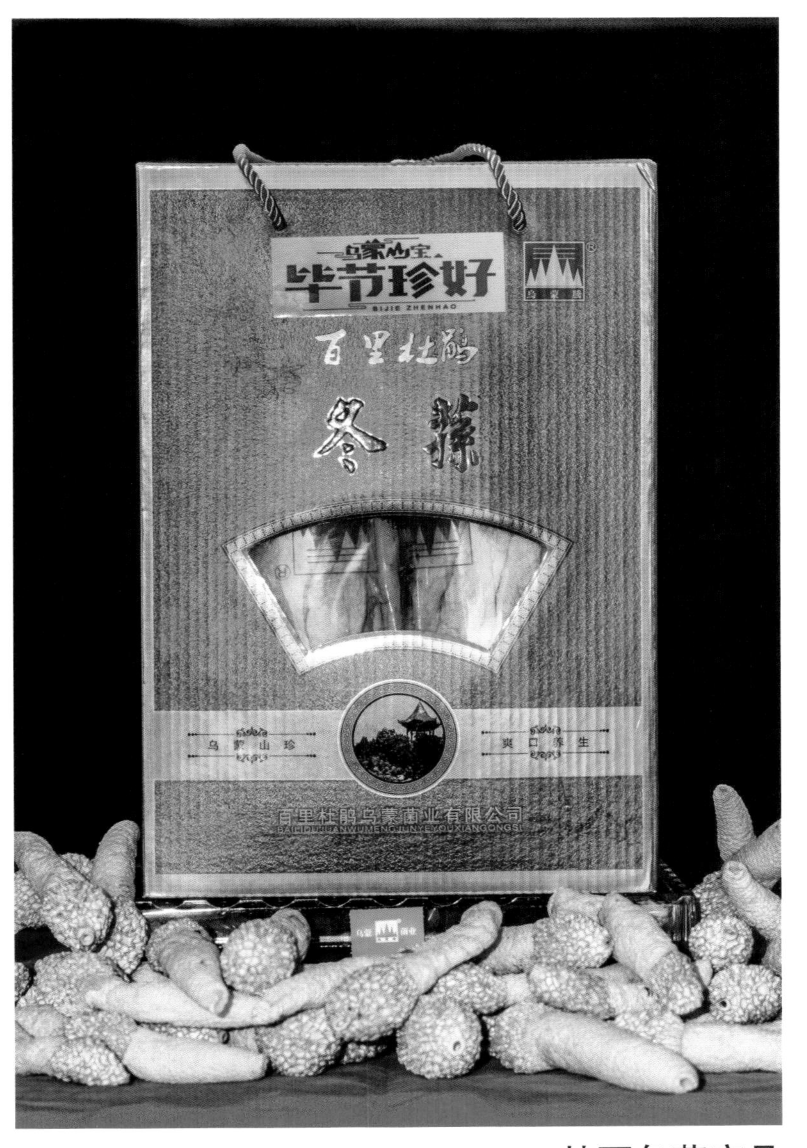


林下冬荪产品

野生天麻制品

刺梨深加工

木器工艺品

竹器工艺品

木雕工艺品

木雕工艺品

核桃工艺品

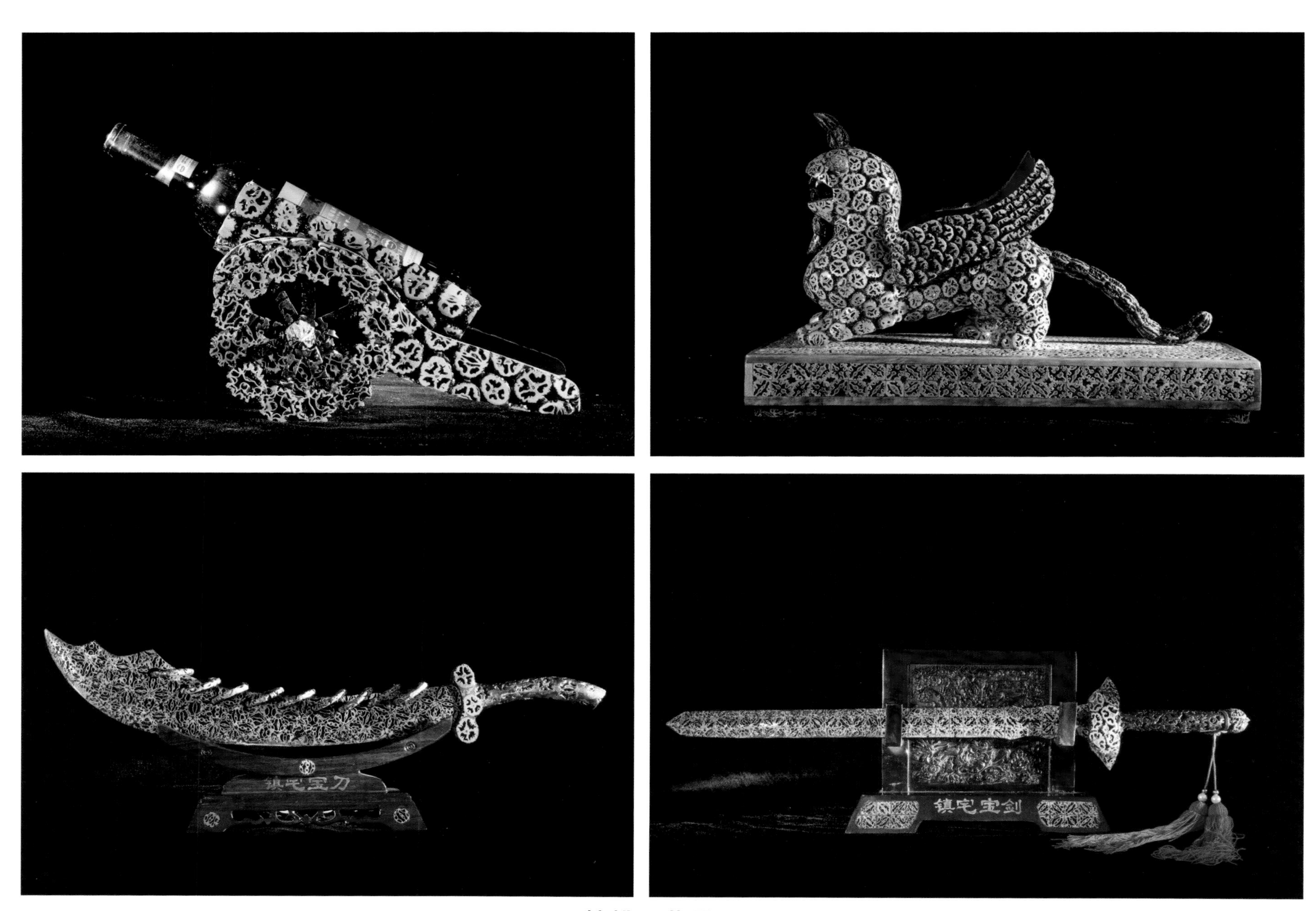


核桃工艺品

大方漆器

# 美的征程

30年来，毕节试验区大力实施退耕还林、天然林资源保护、石漠化综合治理、“中国3356”工程、中德森林可持续经营等林业重点生态工程，开启了治山治水、治穷治愚的新征程，完成人工造林和封山育林1708万亩，昔日的“荒山秃岭”变成了今日的“绿色银行”。

今后，我们将牢记习近平总书记的嘱托，撸起袖子加油干，奋力谱写新时代绿色发展新篇章，开创百姓富、生态美的新征程。

地处乌蒙山深处的海雀村，曾经是“苦甲天下”的地方。1987 年人均纯收入为 33 元，森林覆盖率仅 5%，这里的群众过着“家家断炊、衣不遮体”的日子， 800 多村民在恶劣的自然环境里，艰难地求生存。1985 年，新华社一篇内参引起中央高层关注，以此为发端，建立了毕节“开发扶贫、生态建设”试验区。从此，海雀村向贫穷落后发起了总攻，按照“只要山上有树，就可以把风沙挡住，山上有林就能保山下，有林才有草，有草就能养牲口，有牲口就有肥，有肥就有粮”的思路，脚踏实地，扎实苦干。如今，海雀村农民人均可支配收入 8493 元，森林覆盖率达 70.4%，实现了林茂粮丰。

今日海雀

海雀新貌

深入实施“绿色毕节”行动，以“高速公路（铁路）两侧、城镇园区周边、景区景点周围、重要水源地（河流）”等区域为重点，以城乡通道、路网为轴线，大力推进“绿色毕节”行动。2015—2018 年，全市绿色毕节行动完成造林绿化 637.83 万亩，其中新一轮退耕还林 259.87 万亩，为全国任务最多的市。

威宁绿色行动

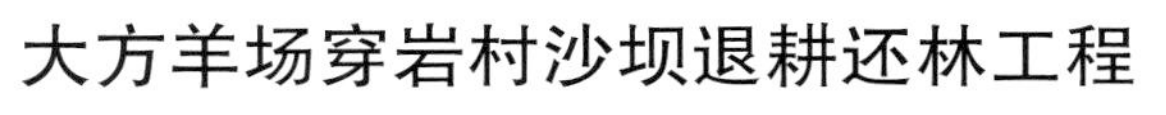
大方羊场穿岩村沙坝退耕还林工程

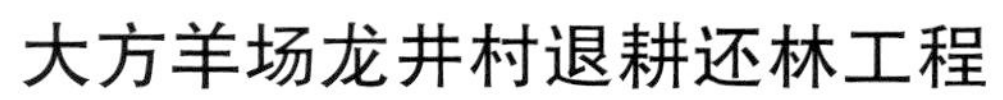
大方羊场龙井村退耕还林工程

织金官寨石漠化治理工程

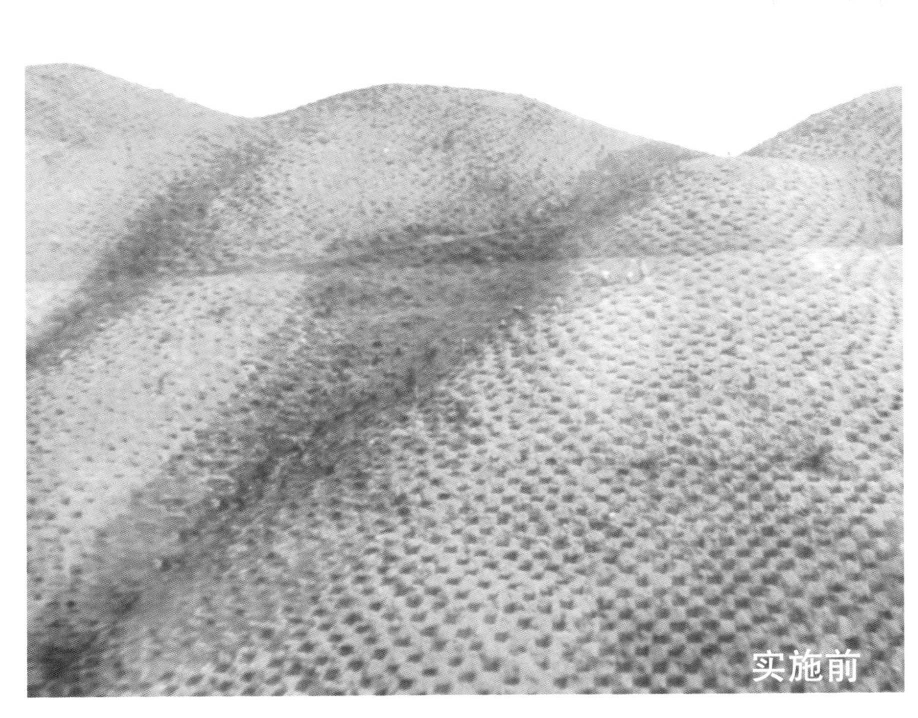

织金“中国 3356”工程

威宁石漠化综合治理

威宁退耕还林工程

荒山造林

林草综合治理

森林卫士

大方实施林业有害生物防治

威宁退耕还草

毕节紧紧围绕建设美丽中国、建设生态文明，践行绿色发展理念决策部署，坚持“生态保护优先、科学谋划发展”思路，以义务植树增绿、项目造林增绿、城市绿化增绿为引擎，国土绿化横向拓展、纵深推进。不论在城市还是在乡村，绿色气息扑面而来，让人置身于“城在林中、人在景中”的优美画卷。

纳雍张家湾“中国 3356”工程

大方黄泥塘荒山造林

七星关撒拉溪美丽乡村

织金新寨退耕还林

大方羊场穿岩中德合作项目

七星关金银山林场

赫章水塘国有林场

威宁沙子坡国有林场

七星关拱拢坪国有林场

大方夏之韵

黔西晨曦

纳雍寨乐风光

赫章水塘森林旅游

纳雍造林绿化

毕节阳山森林公园

七星关杨家湾林中小路

大方人促封山育林

织金少普生态光影

大方羊场退耕还林示范点

大方小屯退耕还林示范点

赫章山乡春早

金沙柳塘丰景村

威宁光与雾的交融

大方油杉河

百里杜鹃大堰村

七星关沙锅寨

大方绿色家园

大方九驿生态园

织金三甲龙潭村

七星关层台风光

七星关拱拢坪国有林场旅游步道

绿色通道

织金阿弓林场

大方大海坝公益林

织金新华风光

织金三甲风光

织金“中国 3356”工程

百里杜鹃林中人家

威宁大街风光

威宁马摆春色

纳雍昆寨

七星关三板桥退耕还林

毕节生态公路

威宁秀水风光

黔西中坪生态林

千亩田园 万亩林海
小屯乡人民欢迎您!

大方小屯天然林资源保护

百里杜鹃普底迎丰村

百里杜鹃普底永兴村

威宁草海海边村

赫章森林康养

七星关金银山林场

威宁雪山勺铺草场

七星关拱拢坪青山绿水

七星关拱拢坪林场秋色

蓝天碧水森林城

森林城市——七星关

绿色家园